U0243995

新建筑空间设计丛书

# 商业空间

韩国建筑世界出版社　著

北京科学技术出版社

Copyright © ARCHIWORLD Co.,Ltd.
Publishing: ARCHIWORLD Co.,Ltd.
Publisher: Jeong, Kwang-young

## 图书在版编目（CIP）数据

新建筑空间设计丛书·商业空间 / 韩国建筑世界出版社著；北京科学技术出版社译. --
北京：北京科学技术出版社，2019.1
　　书名原文：New Space Office
　　ISBN 978-7-5304-9400-4

　Ⅰ. ①新… Ⅱ. ①韩… ②北… Ⅲ. ①商业建筑－室内装饰设计 Ⅳ. ① TU2

中国版本图书馆 CIP 数据核字（2018）第 062005 号

**新建筑空间设计丛书·商业空间**

作　　者：韩国建筑世界出版社
策划编辑：陈　伟
责任编辑：王　晖
封面设计：芒　果
责任印制：张　良
出 版 人：曾庆宇
出版发行：北京科学技术出版社
社　　址：北京西直门南大街 16 号
邮政编码：100035
电话传真：0086-10-66135495（总编室）　　0086-10-66113227（发行部）
　　　　　0086-10-66161952（发行部传真）
网　　址：www.bkydw.cn
电子信箱：bjkj@bjkjpress.com
经　　销：新华书店
印　　刷：北京捷迅佳彩印刷有限公司
开　　本：880mm×1250mm 1/32
字　　数：237 千字
印　　张：9.5
版　　次：2019 年 1 月第 1 版
印　　次：2019 年 1 月第 1 次印刷
ISBN 978-7-5304-9400-4/T·977

定　　价：148.00 元

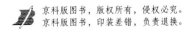

**Fashion** 时装店

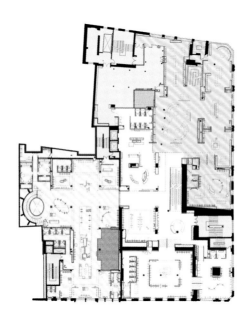

23

© Yael Pincus

© Yael Pincus

© Yael Pincus

© Yael Pincus

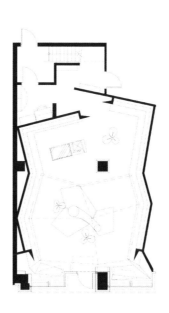

© Nacasa & Partners

43

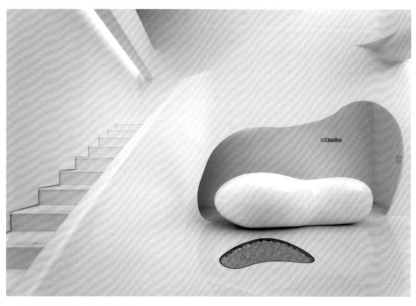

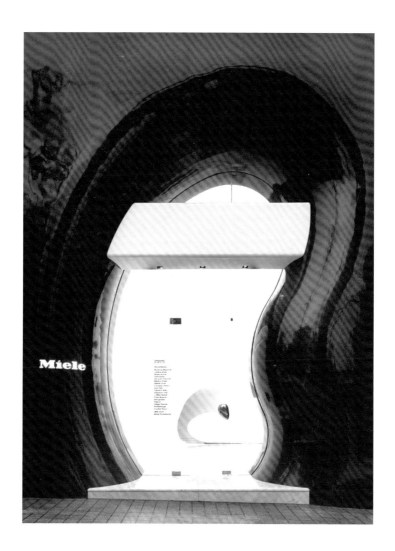

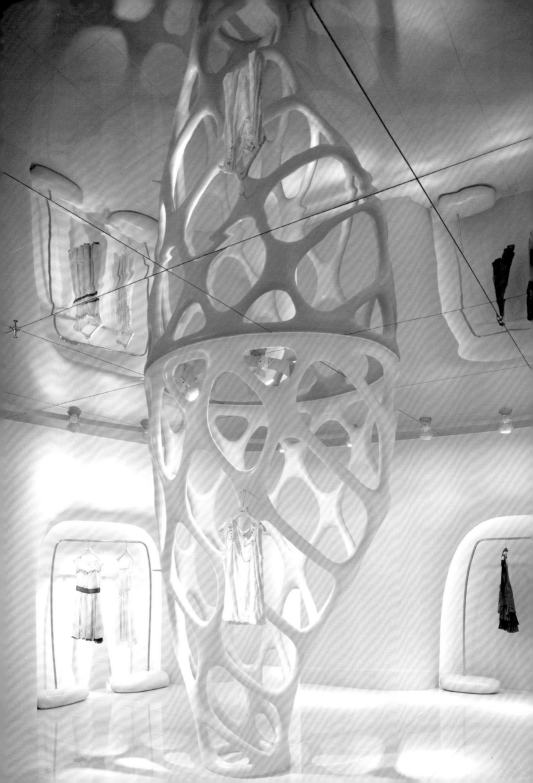

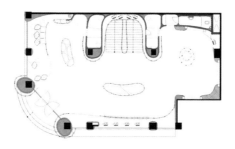

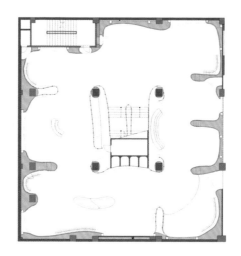

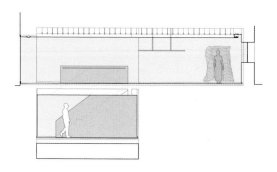

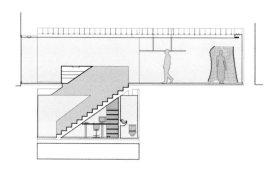

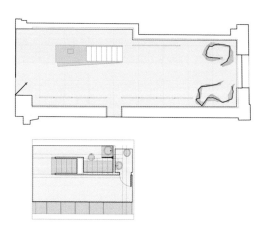

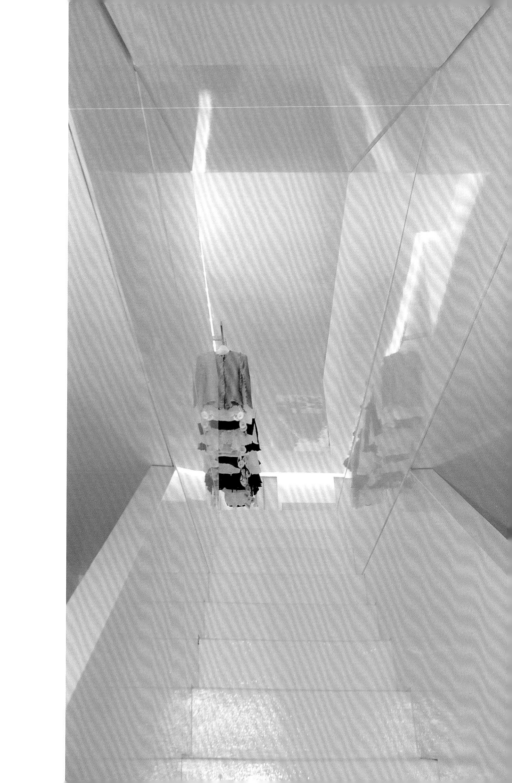

© Vasilis Skopelitis, Elina Drossou

69

© Vasilis Skopelitis, Elina Drossou

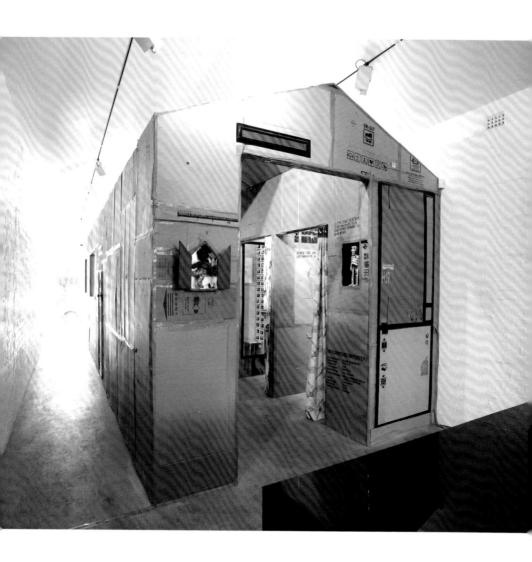

© Grischa Ruschendorf

© Grischa Ruschendorf

© Christoph Kicherer

© Christoph Kicherer

THE G

© Jon Rou Photography

THE *Blue* Corset Co.

© Jon Rou Photography

© Chris Gascoigne

© Chris Gascoigne

113

© Chris Gascoigne

© Eugeni Pons

116

© Eugeni Pons

© Eugeni Pons

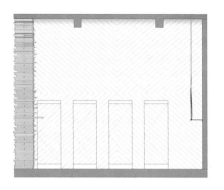

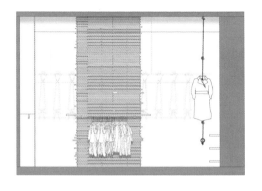

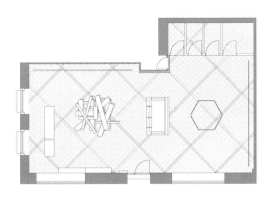

© Luc Boegly

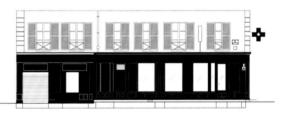

© Luc Boegly

© Franklin Azzi Architecture

© Luc Boegly

© Luc Boegly

© Luc Boegly

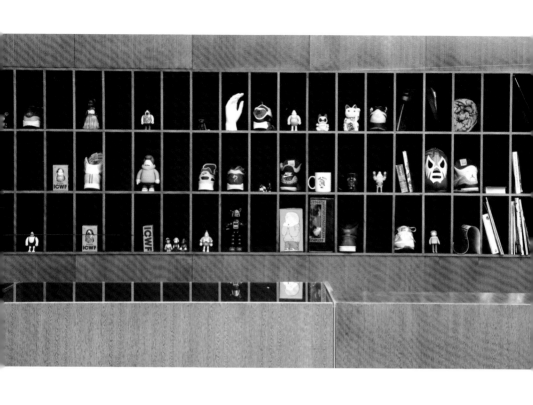

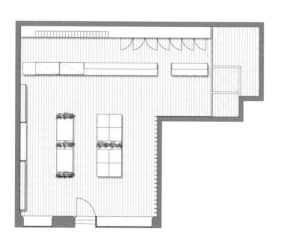

# Shop 商业空间

- **Fashion** 时装店
- **Beauty** 美容店
- **Glasses & Book & Etc.** 眼镜店 & 书店 & 其他

Beauty 美容店

© Jimmy Cohrssen

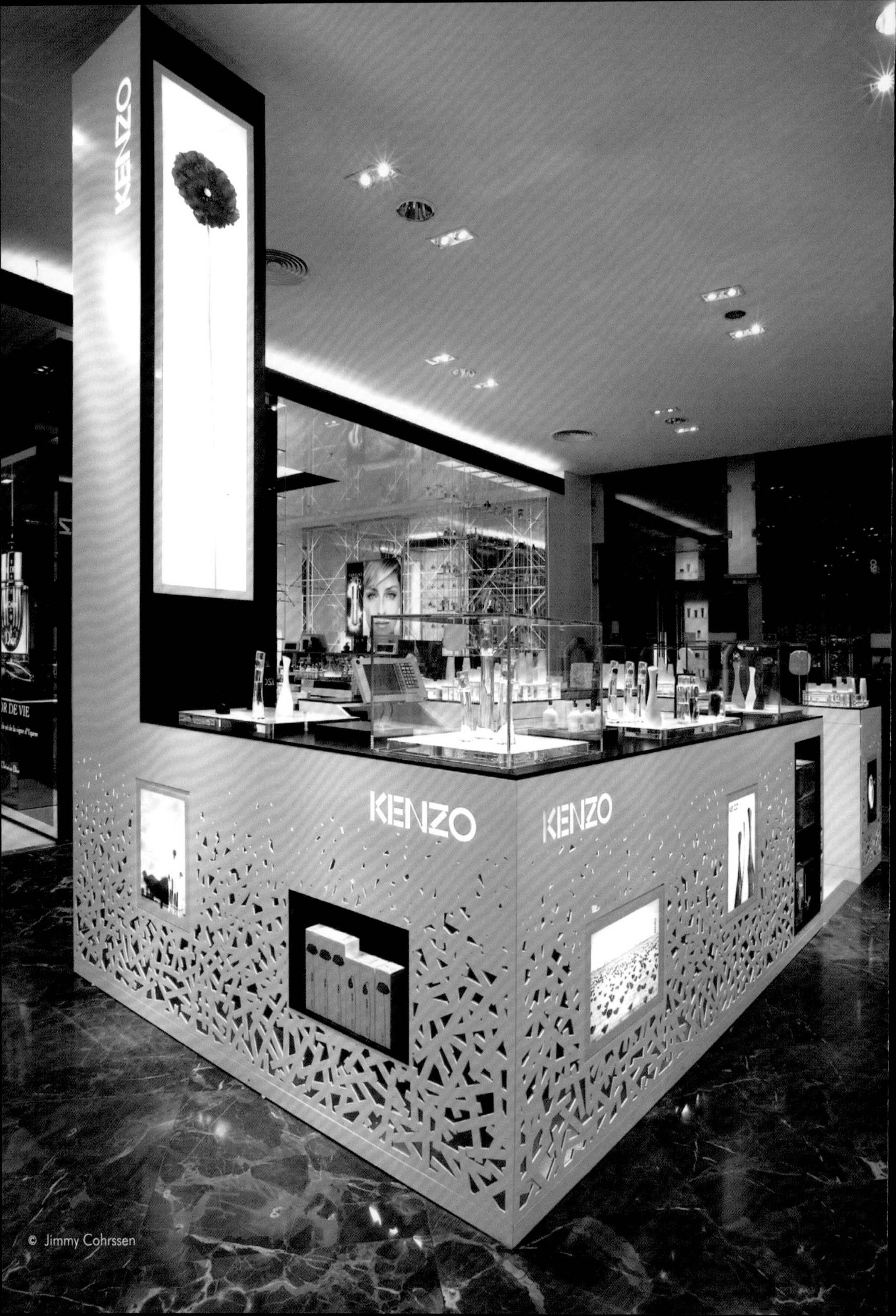
KENZO
KENZO
KENZO

© Jimmy Cohrssen

© Jimmy Cohrssen

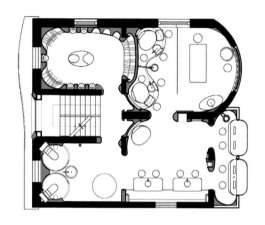

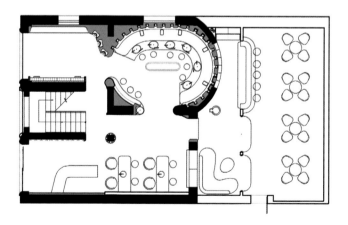

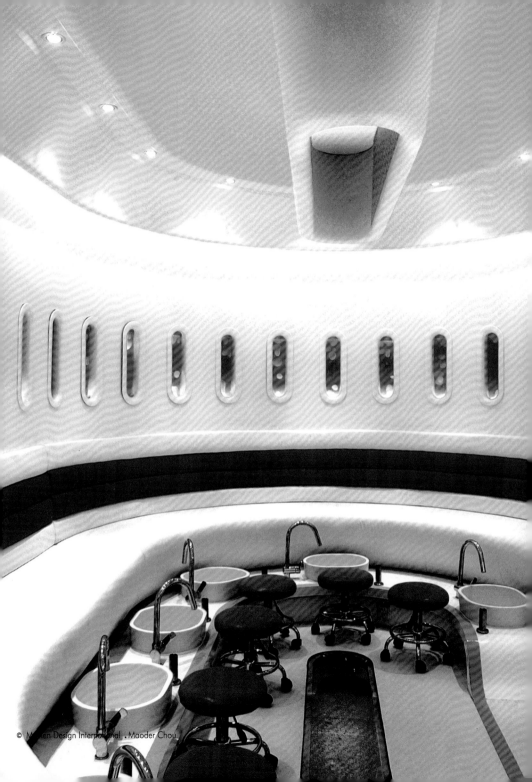

© Nikolus Koenig

© Nikolus Koenig

© Nikolus Koenig

© Nikolus Koenig

© Nikolus Koenig

© Trevor Mein

© Trevor Mein

© Trevor Mein

© Trevor Mein

# Shop 商业空间

- **Fashion**　时装店
- **Beauty**　美容店
- **Glasses & Book & Etc.** 眼镜店 & 书店 & 其他

| Glasses | 眼镜店 |
| Book | 书　店 |
| Etc. | 其　他 |

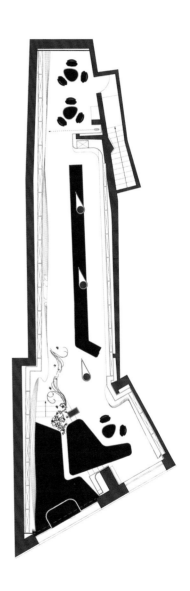

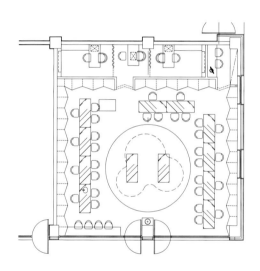

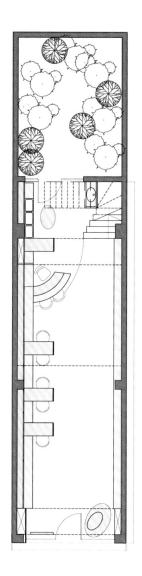

© Daici Ano

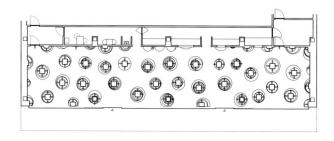

217

© Daici Ano

© Daici Ano

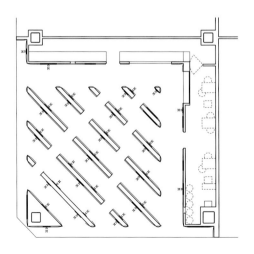

© Daici Ano

© Daici Ano

© Takumi Ota

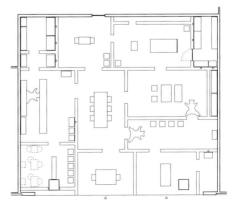

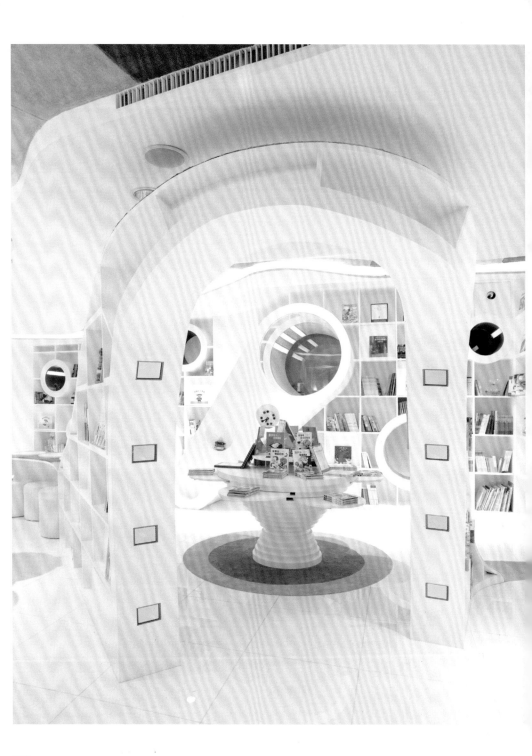

243

© Dianna Snape Photography

© Dianna Snape Photography

© Diana Snape, Shannon McGrath, Tandem

© Diana Snape, Shannon McGrath, Tandem

251

© Diana Snape, Shannon McGrath, Tandem

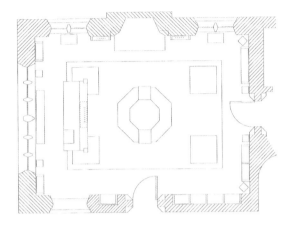

© Shinichi Sato

© Shinichi Sato

© Dianna Snape Photography

© Dianna Snape Photography

273

© Foto Basilisk . Roland Schweizer

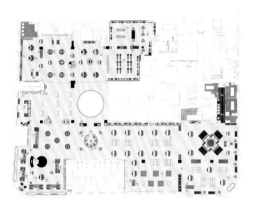

© Myriam Brunner, Wallisellen

© Myriam Brunner, Wallisellen

CITROËN

© Philippe Ruault

298

© Philippe Ruault

# Project and Agency

# Project and Agency